AF494261

OBSERVATIONS

Sur quelques productions marines, qui avoient été considérées, les unes, comme des Animalcules isolés; les autres, comme des agrégations filamenteuses d'Animalcules analogues aux premiers.

PAR P. J. F. TURPIN.

EXTRAIT DES MÉMOIRES DU MUSÉUM D'HISTOIRE NATURELLE.

A MESURE que nous avançons dans la connoissance des êtres organisés; à mesure que nous les comparons mieux les uns aux autres, soit dans leur tout, soit simplement dans leurs parties, nous acquérons de plus en plus cette conviction, que tous sont en plein rapport, en pleine analogie; que tous n'offrent entre eux que des gradations insensibles; que tous s'expliquent les uns par les autres; et qu'enfin le seul merveilleux qu'ils présentent se trouve dans le plan unique d'organisation auquel ils sont tous assujétis de manière à ne nous offrir, dans leurs études, que distinctions d'une part et ressemblances de l'autre.

Cette grande vérité si bien sentie, si bien exprimée en deux mots par Leibnitz : LA VARIÉTÉ DANS L'UNITÉ, devroit toujours être présente à la mémoire de tous les observateurs; elle devroit être inscrite dans l'intérieur de leur cabinet, elle deviendroit un guide sûr et fidèle, à l'aide duquel on s'épargneroit bien des erreurs et grand nombre d'hypothèses impossibles à réaliser.

Cette même vérité nous apprendroit encore que les êtres organisés, étudiés à leur véritable place et dans leur rapport d'analogie, n'offrent nulle part ces *prétendues anomalies* ou ces *prétendues exceptions* dont on accuse sans cesse la nature, et que ces anomalies et ces exceptions à la règle n'ont jamais lieu que par rapport aux cases étroites de nos classifications toujours artificielles, et dans lesquelles certains êtres ne peuvent entrer.

A moins que l'on ne veuille seulement considérer comme des anomalies ces écarts momentanés que l'on nomme des monstres, mais qui, par cela seul qu'ils s'éloignent du tableau normal des êtres, n'en troublent l'ordre en aucune manière, convenons qu'anomalies et exceptions constantes dans l'ordre gradué des êtres organisés sont des choses qui n'existent réellement pas, et qu'il y a même impossibilité qu'elles puissent exister.

Défions-nous de ces hypothèses, de ces théories plus ou moins ingénieuses, plus ou moins merveilleuses, lorsque ces hypothèses et ces théories manquent de simplicité et d'analogie avec tout ce que l'on connoissoit déjà. Prédisons-leur d'avance, sans crainte de nous tromper, qu'elles n'auront qu'une très-courte durée, et que jamais elles ne trouveront place dans le domaine de la science.

Le règne des êtres organisés semble partagé en deux grandes divisions; celle que nous pouvons explorer à la vue simple, et celle que nous révèle le microscope. Ces deux divisions, comme on le sent bien, n'ont lieu qu'en raison de la différence des dimensions, et nullement dans un changement de loi ou d'analogie; c'est toujours un même et unique tableau qui se déroule depuis l'être le plus compliqué jusqu'au plus simple.

C'est faute d'avoir bien compris cette marche constante et graduée de la nature dans la formation des êtres organisés (1), que depuis quelques années les observations microscopiques ont produit des idées plus ou moins invraisemblables, plus ou moins absurdes. Il sembleroit, d'après les auteurs de ces idées, qu'à partir du point du tableau où le sens naturel de la vue devient insuffisant, et en même temps de celui auquel nous sommes obligés d'avoir recours aux verres grossissans pour étendre plus loin nos investigations, que la nature auroit tout à coup changé ses lois, rompu toute espèce de ressemblance entre le monde visible à l'œil nu et le monde microscopique.

Il n'en est point ainsi. L'observation prouve et prouvera de plus en plus le contraire, et fera en même temps disparoître tous ces petits prodiges que l'on a essayé d'établir dans cette classe d'êtres.

---

(1) Les productions organisées, élémentaires, soit inertes, soit douées de mouvement, ont une structure des plus simples possibles. Un globule hyalin de substance muqueuse, dont souvent la consistance n'est guère au-dessus de celle de l'eau, se dilatant en vésicule, produisant, par extension de ses parois intérieures, d'autres globules vésiculaires destinés à s'en isoler et à la reproduire, offre le premier degré ou la première existence de l'échelle des êtres vivans, ou bien la vésicule élémentaire des masses organisées de ceux les plus compliqués.

Ce n'est qu'en ajoutant continuellement, et par dédoublement de l'intérieur à l'extérieur, quelques parties de plus, que la nature produit cette gradation admirable et ces rapports de ressemblance que nous observons dans l'ensemble des êtres organisés, mais dans laquelle pourtant nous trouvons le moyen, à l'aide de nos emporte-pièces, d'y découper des espèces.

Plusieurs auteurs micographes, tant français qu'étrangers, tous d'un mérite justement acquis par la publication de bons travaux, se sont disputé le droit d'introduire dans la science des idées très-curieuses, très-séduisantes, très-poétiques, mais auxquelles il ne manque que d'être vraies, et surtout que d'être en harmonie avec les lois générales qui régissent uniformément la marche naturelle de l'organisation de tous les êtres vivans, et de la physiologie qui résulte de cette même organisation.

D'accord quant au merveilleux de leurs observations, tous ces auteurs ont cependant voulu se conserver entre eux des nuances suffisantes, de manière à pouvoir caractériser leurs opinions, et à se mettre dans le cas de se blâmer réciproquement, et de s'accuser mutuellement de leurs erreurs.

Il semble qu'en se plaçant en dehors de la vérité, et en se saisissant d'une idée plus ou moins erronée, chacun ait voulu faire preuve de génie en créant un système particulier. De ces divers systèmes, je me contenterai d'en citer trois des plus remarquables, et dont l'un d'eux fournit le sujet de ce Mémoire.

Le premier consiste à faire croire que des animalcules distincts, tels que des Monades, des Volvoces, des Enchélides et quelques autres, las de jouir de la vie animale et de la liberté individuelle, se recherchent, s'associent, s'entre-greffent par leurs surfaces, et constituent de la sorte, par une véritable *juxta-position de petits animaux*, des végétaux, comme, par exemple, des oscillaires et des conferves. Pour nous donner l'idée de cette singulière métamorphose, et pour nous peindre poétiquement le repentir trop tardif que ces petits animaux éprouvent d'avoir consenti à perdre leur liberté, l'ingénieux auteur de cette doctrine s'exprime ainsi en parlant des oscillaires.

Ayant fait abandon de la vie animale, les composans des oscillaires, semblables à ces hommes de Platon, agités par les regrets éternels que leur inspirent les souvenirs d'une vie plus heureuse, dont ils ont autrefois goûté les douceurs; toujours oscillant, jamais tranquilles, ils semblent dans leur inquiétude chercher à ressaisir de nouveau cette vie qu'ils ont perdue. Il y a sans doute dans cette jolie fable beaucoup d'esprit, il y a de l'érudition, mais est-elle bien placée dans un ouvrage de science positive? L'auteur, en l'écrivant, étoit-il réellement de bonne foi? Comme homme qui a prodigieusement et sérieusement observé, ne savoit-il pas que tous les végétaux confervoïdes, dont les oscillaires font partie, croissent par intus-susception et progressivement de la base au sommet, ou en d'autres termes, de l'intérieur à l'extérieur? N'avoit-il donc jamais eu occasion de voir ces végétaux germant en passant de l'état globuleux à l'état filamenteux? On seroit presque tenté de croire qu'indépendamment des bons ouvrages que cet auteur a produits, il a encore voulu prouver qu'il avoit de l'imagination, et que tout aussi bien qu'un autre il pouvoit au besoin créer un rêve agréable dont les poëtes ne manqueroient pas de faire leur profit.

Il est pourtant malheureux qu'une fable de ce genre, aussi contraire à la formation et à l'accroissement des masses de tous les êtres organisés, soit devenue en quelque sorte contagieuse au point d'avoir trouvé des partisans parmi des hommes qui, dans d'autres occasions, ont fait preuve de talent et d'un bon jugement, et surtout que ces mêmes hommes aient osé venir en cette enceinte (1) reproduire cette fable pour leur propre compte.

Le second système tend à établir que les oscillaires, les conferves en général, les ulves, les lichens, les jongermannes, et jusqu'aux mousses, ne sont que des espèces *aventureuses*, c'est-à-dire que le même globule reproducteur peut, selon l'influence de certaines circonstances extérieures, rester un individu de Globuline, ou, en s'étendant, devenir *indifféremment*, soit une oscillaire, soit une conferve simple ou une conferve rameuse, soit un lichen, soit une jongermanne, soit une mousse, soit enfin un chêne.

Ce second système est encore, comme le premier, le produit de l'imagination; c'est un de ces travaux faits dans l'intérieur du cabinet, et auquel on réussit d'autant mieux, que l'on fait davantage abnégation de tous ses sens extérieurs.

Toutes les espèces d'êtres organisés, sans exception, commencent par n'être qu'un globule muqueux et incolore développé, par *extension*, de la substance d'une mère; toutes conséquemment sont, quant à nos sens, parfaitement semblables; toutes, à cette première époque, peuvent être facilement confondues. Mais ce qu'ensuite l'observation nous prouve, c'est que chacun de ces globules possède en lui un principe qui doit et qui ne peut en faire qu'un être semblable à la mère, ou au moins à l'espèce dont il émane. C'est ainsi que nous savons positivement que le globule séminulifère

(1) L'Académie royale des Sciences, où ce Mémoire devoit être lu, sans un voyage que j'ai été obligé de faire.

d'une espèce de globuline, d'oscillaire, de conferve, d'ulve, de mousse, ne se reproduit jamais sous d'autres formes que sous celles du végétal dont il a fait partie.

Le troisième système dont il me reste à parler est celui qui embrasse déjà sous le titre de *Némazoaires*(1) une foule de productions *purement végétales*, telles que les mucors, les oscillaires, les conferves en général, et jusqu'aux charas. L'auteur de ce système ne voit dans tous les végétaux que je viens de nommer, que des animalcules du genre des Monades, et des Navicules qui, à une certaine époque de leur vie, abandonnent leur liberté individuelle, se recherchent, s'agrégent, se greffent les uns aux autres, de manière à constituer des filamens simples ou rameux comme les mucors et les conferves, ou mieux encore des structures plus compliquées comme celle des charas.

Ce système ressembleroit absolument au premier dont j'ai déjà parlé, si l'auteur de celui-ci admettoit, dans ses agrégations d'animalcules, la *métamorphose*, et s'il reconnoissoit avec tout le monde que des mucors, des conferves et des charas sont de véritables végétaux; mais en ne voyant dans toutes ces productions que des amas d'animalcules devenus inertes par l'effet de leur association, il conserve à son système une couleur particulière qui le met dans le cas d'être maintenu au nombre de toutes les hypothèses ingénieuses que les sciences ont fournies, et de toutes celles qu'elles fourniront encore (2).

---

(1) Voyez le Dict. des Sciences nat., vol. 34, p. 364.

(2) Puisqu'il paroît être indispensable que l'homme épuise toutes les erreurs

Des espèces d'êtres organisés distincts, globuleux ou de forme naviculaire, jouissant du mouvement de locomotion volontaire, faisant conséquemment partie du règne animal; naissant et vivant, pour leur propre compte, pendant quelque temps; se lassant enfin de ce genre de vie; se recherchant, s'associant, se greffant bout à bout de manière à former des filamens, ou se greffant en masse pour produire les masses tissulaires des charas, ne cessant pas pour cela d'être des animaux : ces associations d'animalcules filiformes ou phytoïdes trompant l'œil des botanistes, qui les prennent pour des plantes, et les rangent au bas de l'échelle végétale : un observateur distingué découvrant l'erreur dans la structure du *conferva comoides* de Dillwin, voilà l'origine et la base sur laquelle reposent toutes les parties, tous les embranchemens du système des *Némazoaires*. Tout à l'heure nous examinerons, la nature sous les yeux, si cette base présente quelque solidité.

Avant de passer à cet examen, je prie que l'on me permette de transcrire un passage de mon Mémoire sur la Globuline du tissu cellulaire végétal, dans lequel j'ai exprimé toute ma pensée sur l'impossibilité des *juxta-positions d'êtres organisés simples* pour constituer des *êtres organisés plus compliqués*.

---

possibles avant de découvrir et d'atteindre la vérité, ce seroit une chose curieuse, utile même, que de recueillir et d'imprimer à part, sous le titre d'*Erreurs scientifiques*, toutes les hypothèses ingénieuses, mais bien reconnues pour être des erreurs. Un tel livre mis sous les yeux de tout le monde, en même temps qu'il seroit un obstacle au retour ou à la résurrection des mêmes erreurs, offriroit une sorte de dédommagement à certaines personnes, dont leur amour pour le merveilleux ne leur permet guère de produire autre chose que des fables.

« Je commence, disais-je, par avertir qu'il me semble impossible que jamais un être organisé, ayant eu son centre vital d'organisation, s'unisse à un autre ou à plusieurs autres semblables, pour former un être plus compliqué, à moins que la chose n'ait lieu au moyen de la greffe par approche, ce qui, dans ce cas, ne constitue pas un être normal, mais bien un monstre par excès.

« Chaque espèce d'êtres, tels que nous les observons au moment actuel, vit pour son propre compte, se perpétue, décrit son cercle, et meurt en faisant place à la nouvelle génération qui lui succède.

« Ces êtres microscopiques qui, dit-on, jouissent des facultés attachées à la vie animale, c'est-à-dire du mouvement et de la locomotion tant qu'ils restent à l'état d'isolement, et seulement de la vie inerte ou végétative, dès qu'on croit les voir s'agréger ou se souder les uns aux autres, me semblent devenir le sujet d'une théorie fantastique née de l'amour du merveilleux, et appuyée uniquement sur des observations superficielles et peu suivies. »

Trente années d'observations directes, positives, faites sur des végétaux d'ordres différens, et de presque toutes les contrées du globe; peu de dispositions à admettre le merveilleux et les petits miracles dans les sciences naturelles; une défiance qui ne m'a jamais trompé pour tout ce qui ne porte pas le caractère de simplicité, pour tout ce qui blesse les analogies, avoit, dans cette occasion, fondé mon opinion.

Cependant il existoit des écrits qui manifestoient des idées diamétralement contraires aux miennes, ces idées paroissoient appuyées par de nombreux faits observés dans la nature; des figures sembloient encore ajouter à la preuve de ces faits; les observateurs étoient des hommes très-capables et surtout très-dignes de foi. Qu'avois-je à faire dans une telle occurrence? D'aller directement à la source des faits qui avoient donné lieu à ces idées : c'est le parti que je pris.

M. Gaillon, auteur du système des *Némazoaires*, habite la ville de Dieppe : profitant de sa position et de tous les instans que lui laissent les devoirs de son administration, il les consacre à la recherche et à l'observation des productions organisées marines; déjà plusieurs de ses observations ont pris une place fort honorable dans les sciences. Elève très-distingué de Lamouroux, ces deux habiles observateurs s'étoient entendus sur un grand travail relatif aux végétaux thalassiophytes ou marins des côtes de France. Devant travailler chacun de leur côté, pour ne pas être exposés à se répéter, Lamouroux devoit décrire les thalassiophytes non articulées, et M. Gaillon les thalassiophytes articulées ou cloisonnées.

Ce fut en observant mieux qu'on ne l'avoit fait la structure du *conferva comoides* de Dillwin, que M. Gaillon s'aperçut, et fut sans doute surpris, que les corps reproducteurs placés dans l'intérieur des filamens muqueux et rameux de ce végétal, au lieu d'être globuleux ou presque globuleux, comme le sont ceux de la plupart des conferves, présentoient une forme naviculaire.

Voyant ensuite, dans le voisinage de cette conferve, des navicules libres et nageant dans la goutte d'eau déposée sur le porte-objet du microscope, navicules qui avoient quelques ressemblances avec les vésicules naviculaires productrices développées dans les filamens, il en conclut que le *conferva comoides* n'étoit point un végétal, mais seulement une agglomération des mêmes corps naviculaires qu'il voyoit à l'état d'isolement.

Dès ce moment le système des *Némazoaires* fut conçu; il ne s'agit plus que de l'étendre et de l'appliquer à un plus grand nombre d'êtres, et rien au monde n'étoit plus facile. Cette première erreur, une fois admise comme vérité, devoit par la loi des analogies effacer le règne végétal tout entier, non pour faire place à des existences organisées, mais à de simples agrégats de monades et de navicules.

Effrayé des conséquences toutes naturelles d'une telle doctrine, ce fut dans mon intérêt personnel, dans celui de la science, et dans celui même de l'auteur du système des *Némazoaires*, qu'au mois de septembre dernier (1) je me rendis au Hâvre, et ensuite à Dieppe, près de M. Gaillon, dans l'intention de détruire une grande erreur scientifique, ou de faire valoir et de démontrer, par tous mes moyens, l'existence des *Némazoaires*, si véritablement ces bizarres productions avoient lieu dans la nature.

Voici quel fut le résultat de mes observations. Avant de m'occuper de l'organisation du *conferva comoides*, je vais faire connoître une espèce de navicule d'eau de mer excessivement commune, parce qu'elle servira à expliquer comment il a été possible de se tromper, en supposant que de semblables navicules pussent devenir les composans, par *juxta-position*, du *conferva comoides*.

Lorsqu'à mer basse on se promène dans un port, on remarque que la surface des vases, du fond et des parois des

(1) 1826.

bassins, est enduite d'une matière de couleur brun-marron ou brun-chocolat; son aspect dégoûtant est comme huileux et luisant; elle rappelle encore ces grandes taches ferrugineuses que l'on voit à l'origine de certaines sources d'eau (fig. 1).

A mesure que la mer monte, elle couvre ces enduits, sauf quelques portions qui se détachent de la vase, et viennent flotter à sa surface de la même manière que nagent sur l'eau des rivières et des étangs des feutres ou amas d'oscillaires (1).

Cette matière, séchée à l'air, perd sa couleur brune et devient d'un vert tendre, brillant, comme amiantacé (fig. 2).

En soumettant ensuite à l'action du microscope une petite portion de cette matière fraîche, on découvre que la dénomination de matière, bonne pour la vue simple, ne peut plus convenir; qu'au lieu d'une substance inorganisée, on s'adresse à une multitude de corps organisés vésiculaires et de forme naviculaire (fig. 3).

Des corps organisés, analogues à ceux que je vais décrire, ont été mentionnés, par Muller et Bruguière, sous les noms de *vibrio bipunctatus* (2), *vibrio tripunctatus* (3), *vibrio paxillifer* (4), et *vibrio lunula* (5), auxquels on peut ajouter une autre espèce désignée sous le nom de *vibrio ostrearius* (vibrion huîtrier) par M. Gaillon, et que cet habile observateur regarde comme la principale nourriture des huîtres parquées, et comme la cause de la viridité et du goût piquant que

(1) Les personnes qui ont l'habitude de se promener sur le bord de la rivière des Gobelins qui traverse la prairie de Gentilly près Paris, ont dû remarquer qu'à sa surface il y a une grande quantité de feutres qui ressemblent ou à des peaux de rats, ou à des vieux morceaux de chapeau.

(2) *Encyclopédie méthodique*, tab. 3, fig. 14.—(3) *Idem*, fig. 15.— (4) *Idem*, fig 16-20. — (5) *Idem*, fig. 21-27.

ces mollusques acquièrent au printemps et à l'automne (1).

Le genre *vibrio*, tel que l'avoient établi les deux auteurs que je viens de nommer, ayant été mieux étudié par M. Bory de Saint-Vincent, ce savant micrographe fut frappé de la grande différence, du peu de rapport que présentoient entre elles les espèces comprises dans ce genre; il y vit deux sortes de formes bien tranchées, et surtout deux modes de vitalité et de mouvement extrêmement distincts. Il sentit dès lors la nécessité de diviser ce groupe, en laissant seulement, sous l'ancienne dénomination de *vibrio*, tous ces animalcules plus ou moins anguilliformes, plus ou moins contractiles, et dont les mouvemens flexueux, volontaires et rapides de locomotion ne laissent aucune équivoque sur leur animalité, et d'en éloigner toutes les espèces vésiculaires, de forme naviculaire *non-contractile*, douées d'un reste de mouvement animal, en les associant sous la nouvelle dénomination générique de navicules (*navicula*).

L'être organisé dont je m'occupe en ce moment fait partie de ce dernier genre; il en est, jusqu'à présent, la plus grande espèce connue. M. Gaillon, qui a souvent observé cette navicule, lui a donné, dans ses notes manuscrites, le nom spécifique de *Tranchet*(2), à cause de sa forme qui ressemble assez bien à celle de l'outil qui porte ce nom.

Une vésicule alongée en forme de navette de tisserand, uniloculaire, à pointes arrondies ou émoussées, blanche et

---

(1) Essai sur les causes de la couleur verte que prennent les huîtres des parcs à certaines époques de l'année. Actes de l'Académie royale des Sciences, Belles-Lettres et Arts de Rouen, 1820.

(2) *Navicula scalprum*. Gall.

diaphane comme du cristal, le plus souvent légèrement contournée en S ou en tranchet (fig. 3 *c*), quelquefois droite (fig. 3, *d*, *d*, *d*, *d*, *ee*), non cylindrique, de manière à ce qu'elle peut offrir, selon le côté sur lequel elle se montre, tantôt la forme naviculaire (fig. 3, *e*, *e*), et tantôt la forme d'un petit bâton tronqué aux deux extrémités (fig. 3, *g*, *g*) (1), *sans aucunes contractions apparentes*, ayant un mouvement lent de locomotion; cette vésicule est la base organique de la navicule tranchet et de toutes les autres espèces de ce genre.

Dans l'intérieur de cette vésicule-mère naissent une foule de plus petites vésicules d'un jaune d'ambre, et qui, selon le jour sous lequel on les observe, et selon certaines causes de contraction qui leur est propre, affectent un grand nombre de dispositions différentes.

Chaque vésicule-mère, incolore et transparente d'une navicule, est l'analogue d'un article ou mérithalle de conferve et d'une vésicule isolée d'une masse de tissu cellulaire. Les petites vésicules colorées, développées à l'intérieur, représentent exactement la Globuline colorée, contenue dans le mérithalle tubuleux des végétaux confervoïdes et dans la vésicule des tissus cellulaires. Comme celle-ci, la globuline des navicules est centre de reproduction, et occasione également, par concentration d'un grand nombre d'individus, cette belle couleur chocolat très-foncée que présentent les masses de ces êtres vus à l'œil nu.

---

(1) Ce changement de forme qu'éprouve le même individu, selon qu'il se montre par ses différentes faces, a donné lieu à une erreur : on a cru à l'existence de deux sortes de productions, et on a pris la forme tronquée et en bâton pour une bacillaire.

Quand on observe long-temps et souvent cette Navicule sous le microscope, on est assez heureux pour saisir l'instant où des individus lancent, par l'une de leur extrémité (sans que je puisse dire si les deux ont également cette faculté expulsive), une pulviscule (fig. 3 *a* et 7 *e*) composée d'une foule de petits globules vésiculaires, blancs et diaphanes. Ces globules, qui sont autant de centres vitaux de reproduction, acquièrent, au bout de quelques jours, la faculté de se mouvoir et de changer de place; ils grossissent un peu, se colorent en jaune d'ambre, et tendent constamment à se rapprocher et à se fixer sur les corps qui les avoisinent (fig. 7 *f*). On les voit ensuite, en s'alongeant par deux points opposés, devenir peu à peu une vésicule naviculaire, dans l'intérieur de laquelle se développent de nouvelles masses de Globuline ou de pulviscules jaunes reproductrices.

Qu'est-ce qu'une Navicule? Quel rang ou quelle place doit-elle occuper dans la série des êtres organisés? Est-elle végétale ou animale? Voilà, selon moi, le point de la difficulté, voilà la question presque impossible à résoudre.

Si nous considérons une Navicule dans son organisation seulement, et à l'état d'immobilité, nous voyons qu'elle se compose d'une vésicule alongée, de substance muqueuse, blanche, diaphane, sans aucune espèce de contraction apparente, donnant lieu, par extension de ses parois intérieures, à des globules reproducteurs qui s'en échappent ensuite. Il est clair qu'en cet état d'inertie aucun embarras n'auroit lieu, et que, du premier abord, on reconnoîtroit qu'une Navicule est une sorte de petite conferve réduite à un seul article ou mérithalle, et seroit conséquemment un végétal borné à sa plus simple expression.

Mais si ce végétal se meut, s'il jouit d'un reste de mouvement *volontaire* de *locomotion*, on ne peut véritablement s'empêcher d'admettre, dans cette Navicule, un mélange de végétabilité et d'animalité : de végétabilité dans tout ce qui dépend de la base organique et matérielle de cet être, et d'animalité dans ce qui produit le mouvement de locomotion (1).

Admettons-donc, sans murmurer, les choses telles qu'elles sont; admettons donc, une fois pour toutes, que dans la nature il n'y a de brusquerie nulle part, que tout y est gradué, et que, malgré notre tendance naturelle à vouloir tout découper, il n'y a pas plus de ligne de démarcation entre les végétaux et les animaux qu'il n'y en a partout ailleurs. Reconnoissons, avec plusieurs autres observateurs, qu'il est un point de jonction ou point de départ des deux embranchemens des êtres organisés, où il faut, de toute nécessité, qualifier les êtres qui occupent ce point de la dénomination mixte de végéto-animaux, puisqu'en effet ces êtres participent, à un foible degré, aux avantages des deux règnes.

Les personnes qui s'opposent à cette dénomination mixte,

---

(1) *Un mélange de végétabilité et d'animalité.* Où est l'animal qui ne présente pas l'association de ces deux choses, dont la seconde n'est que sur-ajoutée à la première? Qui ne sait que tout ce qui a de l'étendue et du poids, dans l'homme, n'est que de la matière organisée qui végète, et à laquelle quelque chose de plus est surajouté? De là cette belle distinction de vie organique et de vie animale si habilement démontrée par l'immortel Bichat.

et qui prétendent démontrer le coup de scie donné par la nature pour séparer nettement les végétaux des animaux, sans cependant s'expliquer sur la nature des Navicules, refusent à ces êtres toute espèce d'animalité, même au degré le plus foible; ils nient le mouvement volontaire de locomotion, et cela, disent-ils, parce qu'ils ne sont pas susceptibles de contraction, et que l'opium, qui engourdit et tue les animalcules, n'a aucune action sur eux.

Il est de toute vérité que les Navicules sont *incontractiles*, au moins pour nos yeux, aidés même des plus puissans microscopes. Il est également vrai que l'opium n'agit point d'une manière bien prompte sur la vie et sur le mouvement locomoteur de ces êtres; mais est-ce bien une raison suffisante pour les retrancher complétement du règne animal? Disons vrai, disons que la vie animale diminuant par degré, à mesure que nous descendons de l'homme vers les animaux les plus inférieurs, vient enfin expirer chez les Navicules, où elle s'y manifeste encore par des mouvemens *lents* de locomotion volontaire, ou au moins par des mouvemens de déplacement subordonnés aux besoins qu'éprouvent ces êtres.

Quiconque aura vu, sans prévention, des Navicules, soit d'eau douce, soit d'eau de mer, aura remarqué que tous leurs mouvemens sont dus à certains besoins qu'éprouvent ces êtres, et qu'ils s'efforcent continuellement de satisfaire. Lorsqu'on les voit s'avancer en glissant pendant un temps, reculer ensuite, ou se retourner pour continuer leur marche dans le même sens, se fixer sur les corps par l'une de leur extrémité, et s'y mouvoir soit en se balançant de côté, ou en basculant de bas en haut, on reste convaincu que chez ces êtres il y a, comme je l'ai déjà dit, un mélange de végétabilité et d'animalité, que c'est chez eux que le dernier degré sensible de la vie animale vient s'éteindre; et qu'enfin, pour nous tirer d'embarras relativement à nos définitions humaines, la dénomination mixte de *végéto-animale* est la seule qui convienne à ces sortes d'êtres.

Je suis très-porté à croire que les dernières limites du mouvement animal se prolongeront jusque dans les oscillaires, lorque ces êtres filamenteux seront mieux étudiés qu'ils ne l'ont été jusqu'à ce jour, et que ces êtres offriront le passage insensible d'un règne à l'autre en se liant aux animaux par les infusoires, et aux végétaux par les salmacis (1) et autres conferves.

Lorsqu'on soumet à l'action du microscope des Navicules d'eau de mer, on remarque que tous les individus se ressemblent quant à l'uniloculanté et à la diaphanéité de la vésicule, et quant à la couleur jaune d'ambre de la pulviscule reproductrice; mais qu'ils diffèrent beaucoup par la manière dont cette pulviscule est disposée, par la grandeur et par la forme. Ces différences sont-elles dues à des états individuels? Ou indiquent-elles des caractères d'espèces constantes? Il est très-présumable que ces deux choses existent en même temps, c'est-à-dire qu'il y a un mélange de simples états individuels et de quelques véritables espèces, en supposant toutefois que celles-ci existent (2).

---

(1) *Conferva* Lin. *Conjugata* Vauch. *Zygnema* Ag. et Lyng.

(2) Des différences individuelles soit normales, soit monstrueuses, les divers états par lesquels passent les individus en décrivant leur cercle vital, quelquefois

Ne pouvant prendre un parti décisif sur cet objet, je me suis contenté de figurer sur ma planche autant de différences qu'il s'en est présenté sous mes yeux.

Il est cependant un cas que je ne puis m'empêcher de signaler. On remarque souvent des navicules accolées côte à côte, et par deux (fig. 7 *h*, *i*). Cette *dualité* semble avoir de l'analogie avec celle des conjuguées, quoique dans la conjugaison des Navicules il n'y ait point production de ces tubulures latérales qui s'abouchent dans la réunion parallèle des filamens de conjuguées.

M. Bory de Saint-Vincent, qui s'est beaucoup occupé de la distinction du genre *Navicula*, a reconnu parmi ces différences les *Navicula grammitis*, *Gaillonii*, *amphisbœna*, *unipunctata*, *bipunctata* et *tripunctata*.

Quittons maintenant les ports et les bassins où nous venons d'observer la Navicule tranchet et quelques autres espèces, et portons-nous vers le rivage de la mer où nous découvrirons toujours, à mer basse, d'immenses prairies composées d'une espèce végétale confervoïde, très-élégante par l'extrême ténuité de ses rameaux, et par sa belle couleur brune.

Ce ne sont plus les vases mobiles qui servent de lit à cette production; comme toutes les plantes marines, elle a besoin de naître et de se développer sur un fond plus solide où elle puisse se fixer au moyen d'un petit épatement qui lui tient lieu de racines. Comme toutes les plantes marines, elle se

---

des sexes différens, ont été et seront encore long-temps un grand obstacle à l'établissement *artificiel* de *nos* espèces.

plaît de préférence sur les roches calcaires, sur les cailloux ou sur les coquilles : aussi les rivages qui offrent ces roches paroissent-ils toujours, à mer basse, comme teints d'une couleur brun-chocolat (fig. 5).

Cette production, très-commune sur nos côtes, a été observée, décrite et très-bien figurée, quant au port seulement, par Dillwin (1), sous le nom générique, assez convenable, de *conferva,* et sous celui spécifique de *comoides,* à cause de la ressemblance de ce végétal avec la chevelure couchée, blonde ou roussâtre, de la tête d'un jeune enfant qui sort du bain.

M. Gaillon ayant depuis observé ce végétal, et ayant cru reconnoître en lui une simple agglomération d'animalcules, et non une individualité végétale, a changé le nom de *conferva comoides* de Dillwin en celui de *Girodella comoides.* C'est ce dernier nom que je conserverai, non parce que je partage en aucune manière les idées de *juxta-position* d'êtres de cet auteur, mais parce que la structure organique de ce végétal est assez différente de celle des autres conferves, pour qu'on puisse le distinguer comme un genre particulier.

On ne peut s'empêcher de faire ici une observation. Si, d'après M. Gaillon, le *conferva comoides* nous a trompés, si, au lieu d'une existence végétale, ce n'est qu'une agglomération d'animalcules réduits à un sommeil léthargique par l'effet de leur association, comment cet auteur a-t-il pu faire, d'un troupeau d'individus distincts, une existence particulière, et

(1) Dillw., tab. 27, et introd. p. 37. *Scytonema comoides.* Ag. et Lyng.

attacher à la société tout entière les dénominations générique et spécifique de *Girodella comoides?*

Si les composans du *Girodella* ont été d'abord de petits animaux indépendans, et qu'ensuite les mêmes animaux ne soient que rassemblés par *juxta-position*, il me semble que M. Gaillon, en restant conséquent avec les idées de son système, auroit dû dire tout simplement: *Je raie du tableau des espèces végétales le conferva comoides, et le restitue au règne animal, par la raison qu'il n'est qu'un amas d'animalcules du genre Navicula, et que faire de cet amas d'individus une individualité végétale, seroit une chose aussi absurde que d'essayer d'en faire une avec deux oiseaux accouplés ou avec un essaim d'abeilles.*

Le tube muqueux de la plupart des végétaux confervoïdes se compose d'une suite d'articles qui représentent les mérithalles des tiges des autres végétaux: dans l'intérieur de chacun de ces articles, il se développe une Globuline reproductrice, de forme sphérique ou presque sphérique, blanche, verte, jaune-rose ou pourpre, selon les diverses espèces. Dans le *Girodella* le tube est comme dans les *Vaucheria*, c'est-à-dire qu'il n'est composé que d'un long article simple ou rameux, dépourvu de toute espèce de cloison (fig. 7), dans l'intérieur duquel naît une Globuline qui, par suite de développement, sétend en une vésicule naviculaire dans laquelle apparoît une deuxième génération de Globuline sous forme de pulviscule jaune.

Afin de distinguer la Globuline alongée du *Girodella* des Globulines sphériques des végétaux confervoïdes, des tissus cellulaires, et en même temps des navicules libres et animalisées, avec lesquelles elle offre quelque ressemblance, je la nommerai *Naviculine captive*, c'est-à-dire Naviculine inerte, ne pouvant naître que des parois intérieures d'un tube muqueux végétal.

Quand on examine des filamens de *Girodella* avec un grossissement de quatre cents ou de quatre cent cinquante fois, on voit (fig. 7, 8, 9, 10, 11, 12, 13, 14 et 15) que ces filamens sont les uns simples (fig. 9, 10), les autres rameux (fig. 7); que tous ont pour caractère commun une base composée d'une substance muqueuse blanche et diaphane; substance qui, dans ce végétal, comme dans tous les autres végétaux confervoïdes, et comme dans toutes les vésicules du tissu cellulaire, précède la formation de tout organe reproducteur intérieur.

Lorsque le *Girodella* commence, il se comporte comme toutes les plantes marines; sa première élongation ou sa germination est le produit d'un seul globule déposé sur une roche calcaire ou siliceuse ou sur une coquille. Cette première élongation filamenteuse, qui ne présente d'abord que du mucus incolore, se creuse ensuite en un tube, des parois intérieures duquel naissent, successivement et sans ordre, des globules blancs, qui peu à peu deviennent des vésicules naviculaires dans lesquelles se forme cette pulviscule jaune dont *chaque grain* est destiné à reproduire et à perpétuer l'espèce.

Comment se fait-il qu'une organisation aussi végétale, dont le développement progressif de la base au sommet, ou en d'autres termes, de l'intérieur à l'extérieur, est si analogue aux autres productions organisées, ait pu un instant laisser croire à M. Gaillon que pour constituer le *Girodella*, il fût nécessaire d'admettre que des Navicules distinctes, nées isolément, ayant vécu pour leur propre compte pendant un temps, s'agglomérassent ensuite les unes à côté des autres, de manière à former des ensembles phythoïdes comme dans l'espèce qui nous occupe ?

Une vérité trouvée éclaire tout ce qui l'environne; une erreur, au contraire, obscurcit tout et enfante naturellement d'autres erreurs qui donnent lieu à mille objections imprévues, auxquelles on ne peut répondre qu'avec des mots ou avec de l'entêtement; ce qui est le pire de tout.

En effet, plusieurs difficultés se présentoient dans cette prétendue agglomération d'animalcules; c'étoit la formation de cette substance muqueuse qui enveloppe, sous forme tubuleuse, les vésicules naviculaires; substance ou enveloppe si analogue à celle du tube de tous les végétaux confervoïdes, et à celle des vésicules dont se compose le tissu cellulaire des végétaux d'ordres plus élevés. Mais qui peut résister à l'imagination, lorsqu'elle s'affranchit des rapports et des analogies? Rien, absolument rien: c'est par-là que brillent les systèmes. Moins on a vu, moins on sait, et mieux on réussit en pareille occasion; tout alors s'arrange comme par enchantement.

C'est ainsi que de la surface des prétendus animalcules naviculaires, rassemblés en une masse sériale et rameuse, on imagina de faire transsuder de leur corps une substance muqueuse à l'aide de laquelle le tube se trouva tout formé.

Une autre difficulté encore restoit à aplanir : des Navicules agglomérées de manière à simuler un végétal, auroient dû remplir également toute l'étendue des rameaux muqueux, puisque ces navicules composantes étoient de même âge et de même dimension; mais c'est ce qui n'est point. La substance muqueuse de ce végétal étant la base de son organisation, commence par se former, et ce n'est qu'ensuite que la Naviculine reproductrice, d'abord globuleuse, se développe dans l'intérieur du tube, dont les extrémités n'offrent encore que du mucus.

Comment pouvoir supposer que de petits arbres composés d'une foule de petits animaux libres puissent ensuite se fixer ou se planter par leur base sur les mêmes roches calcaires qui servent de territoire à tous les végétaux marins?

Qui a pu séduire, qui a pu égarer M. Gaillon au point d'avoir cru que le *Conferva comoides* n'étoit qu'un simulacre de végétal, qu'une agglomération d'animalcules devenus inertes par l'effet de cette agglomération, et par l'enveloppe muqueuse, prétendue transsudation, qui les cerne de toutes parts?

Plusieurs causes nous semblent avoir contribué à cette erreur: 1°. la ressemblance de forme et de fonctions qui existent entre les Navicules libres et mobiles, et la Naviculine captive et inerte qui naît des parois intérieures du tube muqueux du *Girodella comoides*.

2°. Par la grande quantité de Navicules qui accompagnent toujours les filamens du *Girodella;* filamens dont la transparence permet de voir les Navicules mobiles lorsqu'elles passent dessous, et qui alors, quand on n'y fait pas bien attention, semblent s'agréger si elles restent quelque temps collées contre le filament, ou s'en isoler si celle-là ou une autre, également placée en dehors, continue de glisser (1).

3°. Du peu de connoissance que l'auteur avoit de la formation et de la structure du tissu cellulaire des autres végétaux, et de la Globuline née, par extension, des parois intérieures des vésicules de ce tissu.

Avec cette connoissance de plus, M. Gaillon auroit senti la grande analogie qui existe entre la vésicule tubuleuse d'une conferve et la vésicule du tissu cellulaire, et entre la Globuline de celle-ci et la Naviculine du *Girodella.* Il se seroit alors, sans le moindre doute, épargné une erreur et la peine d'étendre ou d'appliquer cette erreur à une foule de végétaux, dont quelques-uns, d'un ordre assez élevé, sont pourvus d'étamines et de pistils tels que les charas.

Que les personnes qui se livrent à toute autre chose qu'à l'étude de l'histoire naturelle aient confondus les trois ou quatre systèmes plus ou moins erronés, auxquels des

---

(1) La grande diaphanéité de la plupart des productions organisées élémentaires, soit inertes, soit douées du mouvement volontaire de locomotion, produit quelquefois des illusions semblables à celle dont il est ici question. Dernièrement, en examinant, à l'aide de l'excellent microscope de M. Amici, une espèce d'oscillaire, parmi laquelle se trouvoient quelques individus de cet animalcule vésiculeux, transparent et sans bouche, que l'on nomme des *cyclides*, on crut que l'un d'eux venoit d'avaler deux énormes morceaux d'oscillaires. Cela parut un fait aussi neuf que curieux, et l'animalcule fut à l'instant réputé herbivore. Mais la goutte d'eau dans laquelle étoient en observation et l'oscillaire et les *cyclides*, étant presque épuisée, l'animalcule ne pouvant plus nager, se débattant encore, finissant, un instant après, par ne plus remuer, et mourant faute d'eau, couché sur les deux tronçons d'oscillaires que sa grande transparence permettoit d'apercevoir, on reconnut qu'on s'étoit trompé. Je ne rapporte ce fait que pour faire sentir combien l'observation des productions organisées microscopiques exigent de circonspection et de sang froid.

observations microscopiques défectueuses ont donné lieu, cela se conçoit facilement; mais que celles qui s'occupent spécialement de cet objet commettent la même faute, cela nous semble impardonnable. C'est cependant ce qui est arrivé à un micographe célèbre. Dans un ouvrage très-récent, cet auteur prête à M. Gaillon des idées qu'il n'eût probablement jamais, en associant ou plutôt en confondant en un seul le système des *Némazoaires* et le système des *Métamorphoses* du savant professeur Agardh, dont j'ai parlé en commençant ce Mémoire.

Il me semble qu'on a toujours assez du poids de ses propres fautes sans qu'encore on nous surcharge de celles des autres.

Afin que l'on puisse facilement saisir la couleur ou l'idée dominante de chacun de ces systèmes, je vais les mettre en regard.

Système d'Agardh.	Système de Gaillon.
Des Animalcules distinctes, d'espèces différentes, las de la vie animale et de la liberté individuelle, se recherchent, s'associent, se soudent par approche les uns aux autres, deviennent inertes par l'effet de cette association, *et se métamorphosent de la sorte en de véritables végétaux.*	Des Animalcules distincts, d'espèces différentes, las de la vie animale et de la liberté individuelle, se recherchent, s'associent, se soudent par approche les uns aux autres, deviennent inertes par l'effet de cette association, *sans cependant cesser d'être des animalcules.*

Le système d'Agardh nous conserve au moins toutes nos espèces végétales; il n'est seulement question que d'une erreur capitale de formation organique: celui de Gaillon, au contraire, en retranche déjà un grand nombre, et menace, pour peu que son auteur soit conséquent dans son principe, de détruire toute possibilité d'existences végétales.

CONCLUSIONS.

Il résulte de tout ce qui a été dit dans ce Mémoire, que 1°. les observations, faites avec soin, repoussent toute possibilité que des êtres organisés, animaux libres, puissent se réunir et se greffer les uns aux autres pour constituer de la sorte des êtres plus compliqués qu'eux.

2°. Qu'une idée semblable, si elle n'étoit promptement rejetée de la science, tendroit, par sa nature contagieuse et par ce besoin d'analogie qui caractérise notre époque, à tout envahir, et à bientôt nous faire croire que l'homme lui-même n'a qu'une individualité apparente, composée d'une agglomération, par *juxta-position*, de petits animaux microscopiques.

3°. Que, lorsqu'on observe soigneusement et que l'on se dépouille de tout système, on voit que, dans la nature, toutes les espèces, les plus simples comme les plus compliquées, les plus petites comme les plus grandes, sont soumises aux mêmes lois d'absorption, d'augmentation de volume, et de reproduction ; que toutes naissent, par extension, de la substance propre d'une mère qui les précède, et dont elles sont destinées à perpétuer la ressemblance spécifique.

4°. Que l'on doit maintenir, comme individu et comme espèce, le *Girodella comoides* sur les rôles du règne végétal, d'abord, en raison de sa grande analogie avec tous les végétaux confervoïdes, et de l'analogie de ceux-ci avec les tissus cellulaires des végétaux d'ordres supérieurs, parce qu'il est le produit d'un globule reproducteur qui s'étend en filament muqueux, et ensuite parce que dans ce filament il se développe peu à peu des globules vésiculaires qui deviennent plus tard naviculaires (1), et dans lesquels enfin naissent d'autres globules destinés *chacun* à reproduire un nouvel individu de *Girodella comoides*.

---

(1) Dans les végétaux confervoïdes le tube muqueux, rigoureusement comparable aux vésicules du tissu cellulaire, est toujours blanc et diaphane comme du cristal. Les couleurs blanche, verte, jaune, brune, rose et pourpre que présentent les diverses espèces de conferves, ne sont dues qu'à la présence et à la couleur particulière des corps vésiculaires reproducteurs contenus et développés par extension des parois intérieures des tubes, comme les couleurs différentes de la Globuline des vésicules incolores du tissu cellulaire produisent toutes celles ou presque toutes celles dont se parent les végétaux d'ordres plus élevés.

Mais il est à remarquer que dans certaines espèces de conferves la Globuline reproductrice devient plus ou moins naviculaire, et affecte quelquefois, dans l'intérieur du tube, des dispositions différentes.

Ainsi dans le *Girodella comoides* la Naviculine est dirigée confusément dans le sens longitudinal (fig. 7). Dans le *Bangia mamillosa* elle est ovoïde, et rangée par séries transversales, composées de deux ou trois. Dans le *Fragilaria mummuloides*, elle est ovoïde, légèrement hexagone, et disposée sur une seule ligne (fig. 17). Dans le *Fragilaria pectinalis*, elle est naviculaire et transversale.

EXPLICATION DE LA PLANCHE.

FIG. 1. Amas considérable d'individus de la Navicule tranchet (*Navicula scalprum*, Gaill.) paroissant, à l'œil nu, comme de grandes plaques d'un brun-marron ou chocolat, plus ou moins intense, selon que le nombre des navicules est plus grand. Ce sont ces plaques qui tapissent la surface des vases du fond et des parois des bassins dans les ports de mer.

Ces plaques, qui ont de l'analogie avec les prétendus feutres des oscillaires, sont quelquefois détachées de la vase, et soulevées par l'eau de la marée montante ; alors elles surnagent.

FIG. 2. Lorsque ces plaques se dessèchent, elles se contractent, et leur belle couleur brune se convertit en celle d'un vert minéral, brillant, comme amiantacé.

FIG. 3. Amas de Navicules vues à un très-fort grossissement du microscope. En cet état, elles présentent un mouvement d'avant et de recul ; elles retournent quelquefois pour cheminer dans un sens différent, se fixent sur les corps, s'y balancent, sans que pour cela on aperçoive aucune espèce de contraction.

a a. Navicules lançant par l'une de leurs extrémités une pulviscule composée de petits globules vésiculaires reproducteurs. *b b b*. Amas de pulviscules ou corps reproducteurs, parmi lesquels on en voit d'un peu plus gros, qui se colorent en jaune ambré, et qui prennent ensuite la forme naviculaire. *c*. Navicules rapprochées par deux, comme cela arrive quelquefois. *d d d d*. Navicules dans l'intérieur desquelles la pulviscule reproductrice est contractée en masses sphériques, variant par le nombre de deux à cinq.

e e e e. Navicules dans l'état le plus ordinaire. *f f f*. Navicules ayant leur pulviscule reproductrice disposée de diverses manières. *g g*. Navicules montrant la face qui les fait paroître tronquées à leurs extrémités.

FIG. 4. L'espace produit par ces deux lignes représente un centième de millimètre. J'ai placé dans cet espace une progression croissante de Navicules, depuis le point jusqu'à la plus grande dimension qu'atteignent ces êtres organisés.

FIG. 5. *Girodella comoides*, Gaill. *Conferva comoides,* Dillw. *Vaucheria appendiculata,* DC. *Scytonema comoides*, Ag. et Lyngb.

Individus de grandeur naturelle, tels qu'ils paroissent sur les roches calcaires ou sur les cailloux des rivages, lorsque la mer est retirée.

FIG. 6. Une petite touffe d'individus desséchés, dont la couleur marron (comme dans la Navicule qui précède (fig. 2) s'est changée en vert.

FIG. 7. Filament tubuleux, rameux, sans articulations ni cloisons ou diaphragmes, formé d'une substance muqueuse, blanche et parfaitement diaphane, croissant, comme tous les êtres organisés, de la base au sommet ou, autrement dit, de l'intérieur vers l'extérieur. A mesure que ce filament grandit, il se forme de ses parois intérieures des globules blancs, qui peu à peu prennent, en se développant, la forme alongée d'une petite navette, et dans lesquels il se forme ensuite une pulviscule jaune, composée d'une foule de petits globules reproducteurs. C'est à ces petites navettes vésiculaires, purement végétales, que j'ai donné le nom de *Naviculine captive*, afin de les distinguer des Navicules, qui sont des êtres isolés et légèrement animalisés.

a a a a a a a. Sommet de filamens ne présentant encore que la substance muqueuse, précédant toujours le développement de la Naviculine. *b b b b b b b b.* Naviculine naissant d'abord sous la forme sphérique. *c c.* Naviculine entièrement développée, et contenant en elle la pulviscule jaune reproductrice.

FIG. 8. Un filament naissant, dans lequel il n'y a encore aucun corps reproducteur.

FIG. 9. Un autre plus avancé, rempli de corps reproducteurs blancs et sphériques.

FIG. 10. Un autre d'un petit diamètre, n'offrant qu'une série simple de Naviculines.

FIG. 11. Un autre dont la partie muqueuse étoit froncée, et qui, probablement, tendoit à se détruire.

FIG. 12. Un autre dans lequel s'étoit développé peu de Naviculines.

FIG. 13. Modification du cas précédent.

FIG. 14. Un filament autour duquel se sont approchés une quantité considérable de globules pulvisculaires et reproducteurs de Navicules.

FIG. 15. Filament prêt à se désorganiser.

Parmi les filamens du *Girodella comoides* vivent isolément un grand nombre de Navicules de grandeur et d'aspect différens. Ces grandeurs et ces aspects constituent-ils des espèces distinctes? ou ne sont-ce que des états ou des différences individuelles? Je pense que les deux cas existent en même temps, mais que ces productions ne me semblent pas suffisamment étudiées pour que l'on puisse en ce moment se déterminer entièrement sur cet objet. *e e e e.* Navicules lançant par l'une de leurs extrémités la pulviscule reproductrice. *f f f f.* Globules pulvisculaires commençant à grossir et à se colorer en jaune d'ambre. Ces globules présentent un mouvement de locomotion, et ont une tendance à s'agglomérer et à se rapprocher des corps qui leur sont étrangers. *g.* La même Navicule vue sur deux faces pour faire sentir comment le même individu peut tantôt paroître pointu et tantôt tronqué par ses extrémités. *h.* Deux individus accollés et vus par leur face, qui les fait paroître tronqués. *i.* Deux autres individus également accollés, et se montrant par la face qui les fait voir pointus.

Tous les autres individus ont été soigneusement représentés tels qu'ils se sont offerts sous le microscope.

FIG. 16, 16, 16. *Navicula Gaillonii*, Bory. Navicule de Gaillon. *Echinella?* Lyngb. p. 210, tab. 70.

FIG. 17. Filament simple, muqueux, tubuleux, blanc, diaphane, incomplet, du *Conferva nummuloides*, Dillw. *Fragilaria nummuloides*, Lyngb., p. 184, tab. 63. Dans l'épaisseur de ce filament, on remarque des corps ovoïdes, légèrement hexagones, d'un jaune d'ambre, ayant dans leur centre trois ou quatre petites masses de pulviscules reproductrices. Ces corps ovoïdes paroissent quelquefois distants les uns des autres, et liés par une substance muqueuse; d'autres fois ils sont simplement contigus, ou se recouvrent un peu par leurs extrémités.

Cette production, dont je n'ai pas encore vu les extrémités, présente quelque ressemblance avec le *Girodella comoides*, en ce que le tube est également dépourvu de diaphragmes ou cloisons, mais elle en diffère par le tube simple au lieu d'être rameux, et par la forme et la disposition des corps vésiculaires reproducteurs.

Paris, Imprimerie de A. BELIN, rue des Mathurins Saint-Jacques, n°. 14.

PRODUCTIONS Marines Organisées [illegible] de locomotion [illegible]

www.ingramcontent.com/pod-product-compliance
Ingram Content Group UK Ltd.
Pitfield, Milton Keynes, MK11 3LW, UK
UKHW020523180726
13839UKWH00005B/2276